小牛顿

小小牛顿 科学启蒙
—大百科—

菜市场里去寻宝

牛顿出版股份有限公司 / 编著

U0177456

超酷的
科学实验

外语教学与研究出版社
北京

菜市场里去寻宝

　　快过年了，市场里特别热闹。学校也放假了，小慧跟着妈妈到菜市场去买菜。

您好，来条里脊，绞肉馅。

 没问题，马上好！

 买肉一定要注意新不新鲜，看起来是红色、摸起来有弹性的肉，通常是新鲜的。

妈妈，那台机器真厉害，一条肉放进去，却跑出了碎碎的肉。

选肉的方法：

O

X

红色，
摸起来有弹性。

暗红色，
没有弹性。

到了鱼摊，小慧又被老板"唰唰唰"的刮鱼鳞动作吸引了。

 哇，真厉害，鱼肉怎么没有被刮下来？

选鱼的方法：

鳃

O

鳃呈鲜红色，鳞片完整。

X

鳃呈暗红色，鳞片脱落。

买好鱼后，妈妈又准备去买蛤蜊。

 小慧，快来帮妈妈挑蛤蜊。

 怎么挑呢？

 拿两个蛤蜊敲敲看，声音像敲玻璃珠那样清脆，就是新鲜的；声音像敲木头那样闷闷的，就是坏掉了！

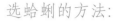 好！我来帮忙。

选蛤蜊的方法：

O 敲玻璃珠似的清脆声。

X 敲木头似的沉闷声。

 这里卖什么东西呀？怎么到处都是白色的烟？

 哇！有肉丸，还有鱼饺。妈妈，我要吃肉丸。

 好，老板，给我称半斤肉丸。

到了蔬菜摊，妈妈买了白菜、玉米、茼蒿、金针菇、胡萝卜……

妈妈你看，有大玉米和小玉米。

小的那种是尚未授粉的嫩果穗，又叫作"玉米笋"，煮火锅很好吃哦！老板，不必用塑料袋装，放我的袋子里就可以了。

选竹笋的方法：

颜色淡黄。　　颜色较绿。

走到竹笋摊前，妈妈蹲下来挑竹笋。

妈妈，这个比较大！

竹笋不一定越大越好！竹笋要挑颜色淡一点的，这个太绿了，会有苦味。

好，我再来挑一个没有苦味的。

婆婆，我就买这三根竹笋吧！小慧你看，旁边有卖红豆饼的，你想吃吗？

我最爱吃红豆饼了，谢谢妈妈！

这些香菇好香呀！

香味越浓，香菇品质就越好。你来帮忙挑一挑，挑颜色金黄，菌伞大一点、厚一点的。

没问题。

选择香菇的方法：

O

X

颜色金黄，
菌伞厚一点。

颜色暗淡，
菌伞破损。

红豆

特级茶

特优香菇

13

买好了菜，小慧和妈妈走出菜市场，看到好多写春联、卖春联的摊子。

😊 妈妈，不要忘了买"春"字啊！

😊 为什么呢？

😊 爷爷说，门口要贴"春"，表示春天到了呀！

😊 嗯，没错，而且"春"还要倒着贴呢！春联买好了，我们回家吧！

14

★招财进宝：

这是一幅民间流行的吉祥文字组合。图案由招、宝、进三字组成，以招字的"扌"与宝字（繁体）的"贝"巧妙地组合成"财"字，借大而长的进字的"辶"构成如船运财宝之形。四字组合，寓生意兴隆通四海，财源茂盛达三江之意。

除夕那一天，妈妈忙着洗菜、切菜，做了很多特别的年菜，还煮了热气腾腾的火锅。

妈妈，别忘了加肉丸哦！

好的，我们围坐在有火锅的餐桌前聚餐也是过年的习俗，这叫"围炉"。围炉的时候，桌上所有的食物都要吃到哦！

菜市场

甲：菜市场，真热闹！
　　卖菜的人直说好，
　　买菜的人哇哇叫，
　　哇哇叫。
　　菜市场，真热闹，
　　真热闹！

乙：菜市场，真热闹，
　　买菜的人细细挑，
　　卖菜的人哈哈笑。
　　菜市场，真热闹，
　　真热闹！

给父母的悄悄话：

　　熟悉两个部分的歌词后，家长和孩子可以

互相换着说，增加亲子互动的乐趣。

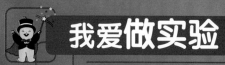

大船浮起来了

有位小朋友写信问阿宝哥："为什么铁做的大船能浮在水面上？"

20

这个问题和水的浮力有关系，我们做个小实验就知道了。

各拿一个一样大小的黏土团和纸团放入水中。

黏土团沉到水底，纸团却浮在水面上。

体积一样大的黏土团和纸团，因为黏土团较重，所以沉入水中，纸团较轻，所以浮在水面上。

如果拿两块一样重的黏土，将其中一个捏成船的形状，再一同放入水中，船形的黏土会浮在水面上哦！

黏土变成船的形状后，黏土浸入水中的体积变大，浮力也变大，所以能浮在水面上。

黏土团的体积小，浮力也小，因此很容易就沉到了水底。

铁做的大船体积足够大，受到的浮力也很大，自然就可以浮在水面上啦。

再拿一个碗，把碗口朝上放入水中，它会像船一样，很容易就浮在水面上哦！

把水加入碗中，当水满时，碗是会下沉，还是会漂浮着呢？

把碗口朝下再试试看，碗会漂浮着，还是沉下去呢？

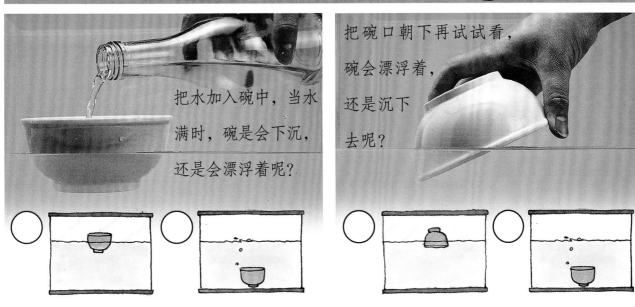

给父母的悄悄话：

　　浮力和密度这种比较抽象的名词对孩子来说可能不太好理解，所以父母陪孩子做这个实验时，可着重在现象上的观察，例如捏成长条状的黏土会浮还是会沉？在碗里加多少水，碗就会沉下去呢？经由实际操作而建立的认知，有助于加深孩子对原理的理解。

妈妈不见了

军军和妈妈上街买东西，街上人好多，大家挤来挤去的。突然，军军发现妈妈不见了！

"妈妈——妈妈——"

军军急得大叫，忍不住哭了起来。

"哇——哇——"军军一边找一边哭，心里越慌张，就哭得越大声，眼泪也越流越多，眼前一片模糊，什么也看不清了。

"喂——你哭什么啊？"

军军睁大眼睛一看，原来是个小姐姐。

"哇——"军军又哭了起来。

"你怎么了？妈妈不见了吗？"

军军点点头，哭得更大声了。

"妈妈不见了，哭也没有用，我帮你想办法。"

军军忍着眼泪不敢再哭："那怎么办呢？妈妈，妈妈在哪里？"

"你妈妈在哪里不见的？"

军军指着后面的商店说："在那里。"

"那我们就去那里等。"

"站在店门口可以看见很多人，我们就站在这里等吧！"军军点点头，紧拉着小姐姐的手。

　　"妈妈怎么还不来？"

　　"再等一下嘛！"

　　突然，小姐姐指着前面的阿姨说："那位是不是你妈妈？"

　　军军摇摇头说："不是。"

　　说完，军军的眼泪好像又快要掉下来了。

　　"小朋友，你们怎么没跟妈妈在一起呀？"

　　"我们在等妈妈！"

　　"等妈妈？那要等多久呀！我带你们去找好了。"

　　一听完，军军就想和阿姨去找妈妈。

　　小姐姐拉住军军，对阿姨说："谢谢你，我们在这里等就好了。"

　　军军着急地问："妈妈找得到我们吗？"

　　"再等等看嘛！如果等不到，就请那边的邮递员伯伯帮忙。"

　　"好。"

"军军——"

"啊！是妈妈！妈妈——"军军赶忙跑过去，紧紧地抱住妈妈。

"小妹妹，谢谢你照顾军军，对了，你的妈妈呢？"

"我妈妈也不见了，不过我们约好了，如果走散，就在这家店门口等，妈妈应该快来了。"

"小青——"

"哈哈，我妈妈也来了，军军再见。"

给父母的悄悄话：

父母是孩子生活的重心，也是孩子依赖的对象，所以一旦失去父母的保护，孩子都会表现得惊慌失措，不知如何自处。这时候最有可能会发生意外或被坏人所骗，因此教孩子一些保护自己的安全措施非常重要。希望父母借由本篇故事与孩子做一番讨论，也教给他迷路走失后的应变方法。

猪笼草

猪笼草生长在温暖潮湿的地方，但这样的土壤往往因为常年被大雨冲刷，营养物质含量偏低，为了获取足够的养分，它便靠叶子前端的捕虫笼来捕食昆虫，补充营养。

叶片上长出捕虫笼的过程:

① ②

③ ④

⑤ ⑥

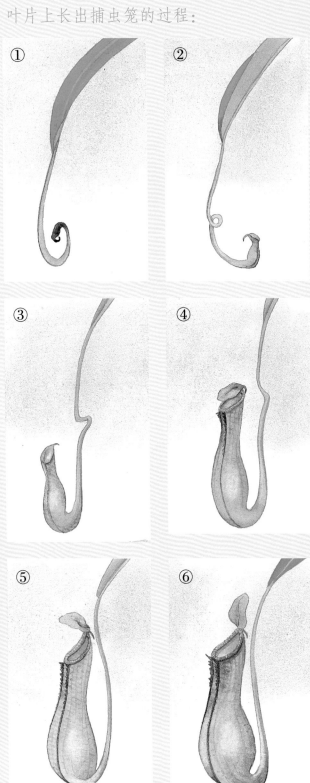

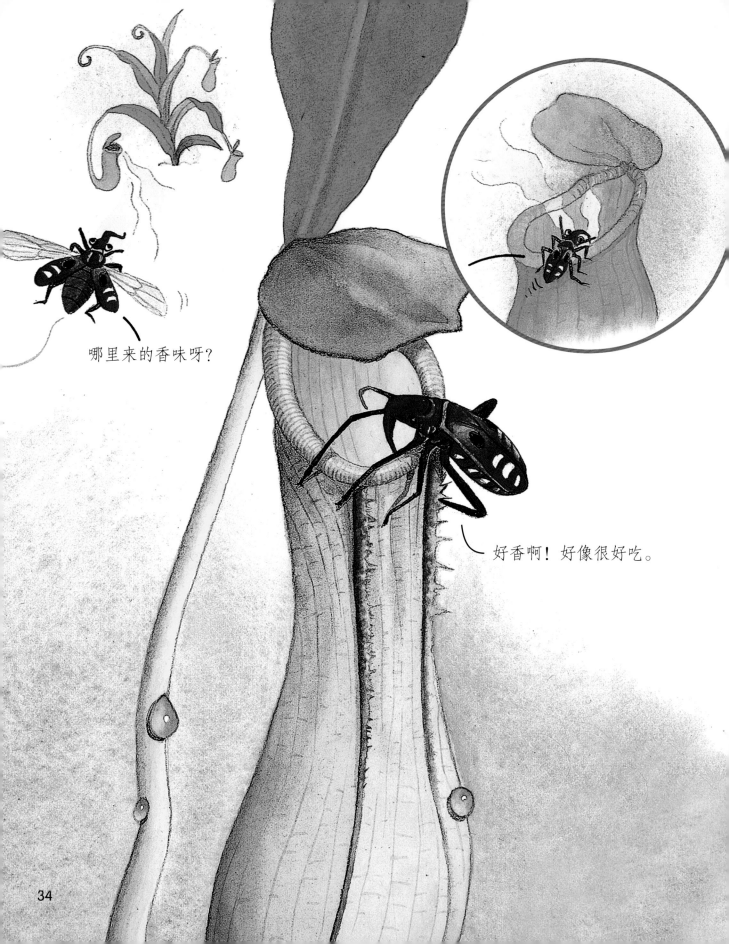

哪里来的香味呀?

好香啊! 好像很好吃。

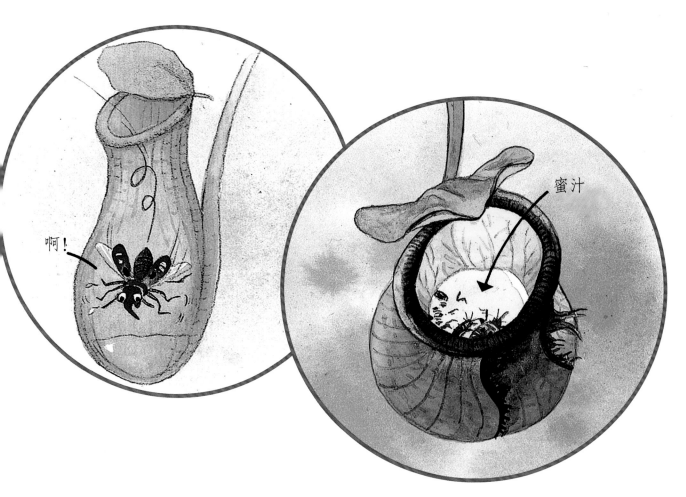

啊！

蜜汁

猪笼草的捕虫笼里有香甜的蜜汁，昆虫会被香味吸引而来。想吃蜜的昆虫，一不小心就会滑入笼中。

掉入笼中的昆虫通常会被淹死。如果没有被淹死，也会因为笼壁太滑而无法逃出。

笼子里的蜜汁中含有消化液，掉进去的昆虫经由消化液分解，变成养分被植物吸收，就像我们的肠子会把食物消化变成养分后再吸收一样。

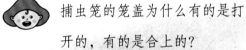
捕虫笼的笼盖为什么有的是打开的,有的是合上的?

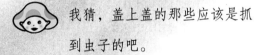
我猜,盖上盖的那些应该是抓到虫子的吧。

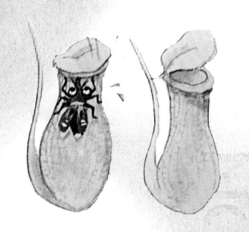

其实笼盖没打开,是因为捕虫笼尚未长大成熟。

捕虫笼长大成熟之后,才会打开笼盖,捕虫吃。

笼盖真正的用处是挡雨。

37

再仔细看看猪笼草，叶子小，长出的捕虫笼就小；叶子大，长出的捕虫笼也大。还没长成捕虫笼的叶子，前端凸出成须状。

 猪笼草捉不到虫吃会饿死吗？

 当然不会，因为它还可以利用阳光进行光合作用产生养分啊！

给父母的悄悄话：

　　猪笼草是"食虫植物"，食虫植物是指靠捕获并消化动物获取养分的自养型植物。它们原生于热带雨林，雨林的土壤经过长期雨水冲刷，流失了很多营养，因此食虫植物会借捕食的方法，来补充体内所需营养。

为什么汤圆煮熟后会浮起来?

你怎么变大了呢?

未煮熟的汤圆

因为身体里的空气加热膨胀了!

煮熟的汤圆

汤圆煮熟后,内部的空气受热膨胀,使得汤圆的体积变大,受到的浮力也随之变大,所以就浮了起来。但冷掉的汤圆会回缩,体积变小后,受到的浮力减小,也就下沉了。

好吃!

好烫啊!

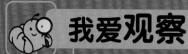

沙滩边的马鞍藤

马鞍藤的叶子有凹裂，很像马鞍，它的漏斗形花乍看很像"牵牛花"。不过，牵牛花以攀爬支架生长，而马鞍藤却是利用不定根匍匐在地面上往外蔓生。马鞍藤是长在沙滩上的海滨植物，它的叶子很厚，不怕晒，也不怕风吹，不过，它开花也和牵牛花一样，只在早上开花，过了中午花就会逐渐凋谢，所以，想看马鞍藤的花也要趁早哦！